N° 3

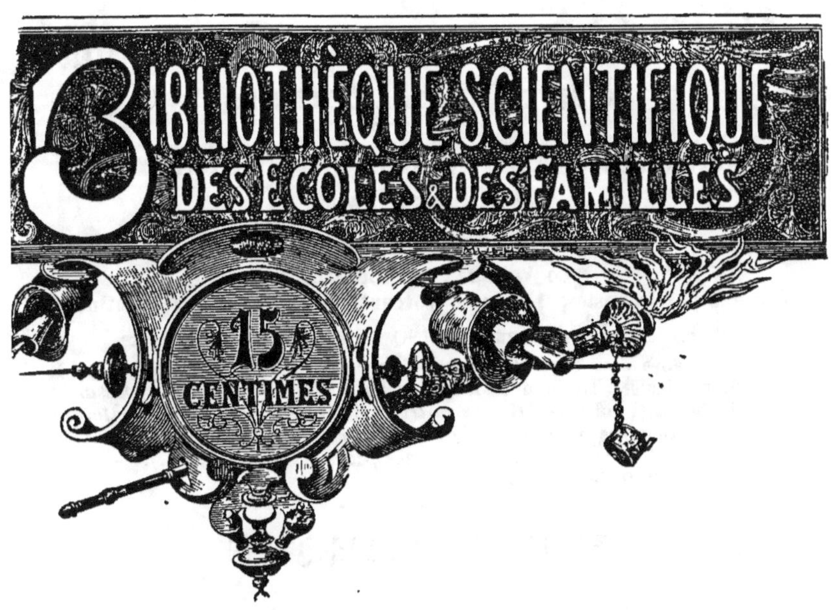

LES TRAVAUX DE M. PASTEUR

MICROBES BIENFAISANTS & MICROBES MALFAISANTS

PAR

GUSTAVE PHILIPPON

Docteur ès sciences.

LES TRAVAUX DE M. PASTEUR

M. PASTEUR

LES TRAVAUX DE M. PASTEUR

MICROBES BIENFAISANTS ET MICROBES MALFAISANTS
par GUSTAVE PHILIPPON
docteur ès sciences.

CHAPITRE PREMIER

DE LA FERMENTATION EN GÉNÉRAL

Historique. — Précurseurs de Pasteur. — Pasteur et la fermentation.
Fermentation alcoolique.

« Celui qui pourra sonder jusqu'au fond la nature des ferments
et des fermentations sera sans doute beaucoup plus capable
qu'un autre de donner une juste explication des divers phénomènes morbides, aussi bien des fièvres que des autres affections.
Ces phénomènes ne sont jamais bien compris, sans une connaissance approfondie de la théorie des fermentations. »

Ces lignes sont de Robert Boyle, physicien anglais du
xvii⁰ siècle. Nous verrons par la suite ce qu'elles ont de prophé-
tique et comment les immortels travaux de M. Pasteur ont
répondu à cette prophétie.

Ce dernier savant a démontré, en effet, par l'expérience, que
le phénomène de la fermentation est invariablement lié au développement d'êtres vivants microscopiques, et qu'il n'y a jamais
fermentation sans la présence de ces êtres qui sont des *ferments*.
Les théories les plus diverses, pour expliquer la fermentation
du raisin, par exemple, avaient été proposées dans le passé, mais
toutes ces explications étaient entachées d'erreur.

Pour les alchimistes, le bouillonnement du vin était phénomène identique à l'effervescence causée par la goutte d'acide
tombant sur la craie.

Lavoisier [1] (1743-1794), le premier, prouva que le sucre en fermentant se dédouble en alcool et en acide carbonique et que les poids d'alcool et de gaz carbonique, résultant de ce dédoublement, ajoutés l'un à l'autre, représentent exactement le poids du sucre avant sa fermentation.

En 1860, Pasteur, alors professeur à la Faculté des sciences de Lille, affirmait que le phénomène expliqué chimiquement par Lavoisier était de nature vitale et due à la présence active de la levure, contrairement aux idées de Liebig, attribuant à la levure une action de présence purement chimique et à l'opinion de Berzélius qui traitait de « rêverie poético-scientifique » cette idée entrevue déjà par Cagniard de Latour en 1828 et par Schwann en 1837.

L'un des ferments les plus connus est la levure de bière qui reste déposée sur le papier filtre, au travers duquel on a fait passer du moût de bière, liquide constituant de la bière en voie de fermentation.

C'est une pâte blanchâtre, d'odeur fade, de goût acide qui, vue au microscope, dans l'eau pure (il faut surtout que cette eau ne contienne pas de substance sucrée) se présente sous la forme de grains globuleux plus ou moins irréguliers, ayant 8 à 9 millièmes de millimètres, contenant des granulations ; ces grains sont isolés ou accolés deux à deux.

Chimiquement la levure est formée de

Carbone.......... 48 à 49 0/0.
Hydrogène...... 6 0/0 à 6,5 0/0.
Azote............ 9 à 12 0/0.
Oxygène......... 31 à 36 0/0.
Cendres......... 2 à 4 0/0.

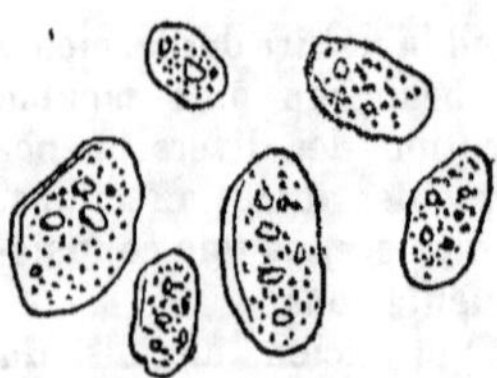

Fig. 1. — *Levure de bière.* — Cellules à l'état latent.

Tant qu'ils sont dans l'eau pure ces éléments conservent leur forme ; ils demeurent des unités isolées, n'ayant qu'une vie latente. Mais qu'on ajoute à l'eau un liquide convenable, contenant du sucre de fruit, et que la température de ce liquide soit 20°, ces éléments vont se réveiller, la levure va se développer.

Chaque grain prendra une forme régulièrement ovalaire, puis l'on verra germer à la surface antérieure un grain d'abord petit qui croîtra rapidement et qui, devenu semblable en tout à

---

1. *Lavoisier, sa vie, son œuvre*, par M. Mercereau, voir fascicule 6 de la présente collection.

celui qui le supporte, s'en détachera pour se comporter comme lui. D'autres globules pourront se développer, soit sur le globule primitif, soit sur le globule secondaire au cours même de son bourgeonnement. Pendant qu'une vésicule mère produit ainsi une vésicule fille, des vacuoles apparaissent dans l'intérieur de la première. Cette substance qui disparaît est employée à nourrir le bourgeon, si les conditions de milieu sont favorables [1]. Une cellule peut en produire quatre à cinq par heure. Pendant ce travail, il s'est dégagé de l'acide carbonique au sein du liquide et le sucre s'est transformé en alcool.

On le voit, la levure mère de la fermentation alcoolique est un être vivant, une plante réduite à l'organisation la plus simple, un champignon des moins parfaits, et qui, non plus placé dans un liquide fermentescible, mais sur un terrain convenable, peut, dans ces conditions spéciales, non plus se développer par bourgeonnement ainsi que nous venons de le voir plus haut, mais au moyen de germes (*spores*) semblables à ceux que produisent et qui reproduisent tous les champignons.

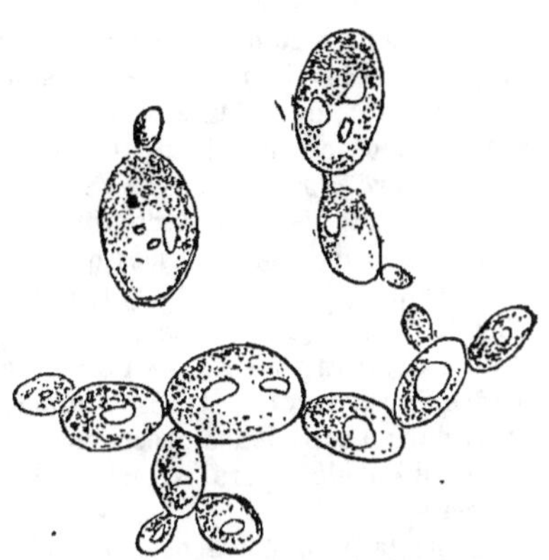

Fig. 2. — *Levure de bière.* — Cellules en bourgeonnement.

Revenons à la levure en germination dans un liquide fermentescible. C'est un être vivant; or, tous les êtres respirent et pour respirer il leur faut absorber de l'oxygène. La levure mise dans un liquide sucré emprunte de l'oxygène au sucre, dont la composition chimique élémentaire se trouve ainsi modifiée et la conséquence de ce prélèvement d'oxygène par la levure sur le sucre est la transformation de celui-ci en alcool.

De ce que la levure et les ferments pour se développer produisent la fermentation dans les liquides sucrés, il ne faut pas croire

---

1. Pasteur a constitué un bouillon artificiel dit bouillon de culture, très favorable au développement de la levure, en voici la formule :

Eau distillée	100	grammes.
Sucre candi	10	—
Cendres de levure	1	—
Carbonate d'ammoniaque	1	—

qu'ils soient en cela différents des autres cellules végétales ou
animales, de celles qui, par exemple, entrent dans la constitution
pes tissus, car :

Toutes les cellules vivent de même.

Voici comment le distingué professeur Schutzenberger de
l'Académie des sciences a prouvé par deux expériences des plus
ingénieuses, dont l'une contrôle l'autre, que les éléments de la
levure agissent comme les éléments constituant les tissus d'un
animal.

Afin de bien comprendre ces expériences, il est essentiel de se
rappeler que les tissus, formés d'éléments microscopiques vivants,
transforment, pour leurs besoins, le sang artériel ou nutritif en
sang veineux ou sang incapable de nourrir les tissus.

Première expérience. — M. Schutzenberger fait passer du sang
artériel, dans des tubes chauffés à une douce température et
dont les parois sont tapissées de levure. Le sang sort du tube, à
l'état veineux. Riche en oxygène à son entrée, il est surchargé
d'acide carbonique à sa sortie de l'appareil.

Deuxième expérience. — Le même savant fait passer du sang
artériel au travers de tubes semblables en tout a ceux qui ont
servi dans l'expérience précédente, mais dont les parois ne sont
pas enduites de levure. Artériel à l'entrée, le sang est artériel à
la sortie.

Dans la première expérience, c'est donc bien la levure qui a
retenu l'oxygène du sang artériel, tout comme le font les tissus
vivants des animaux.

Les cellules composant les tissus des plantes se comportent
comme celles que contiennent ceux des animaux.

Le sucre enmagasiné dans la racine de la betterave est employé
à nourrir toutes parties constituant la plante, tige, feuilles, etc. —
Mais il faut, pour que l'accroissement de toutes ces parties
puisse se produire, que l'oxygène intervienne. Or, c'est par
les feuilles que s'effectue l'absorption de ce gaz indispensable,
tandis qu'inversement, par les feuilles s'exhale l'acide carbonique résultant du phénomène chimique profond qui s'est
accompli dans les plantes.

Au lieu d'avoir ses parties supérieures baignées dans une
atmosphère oxygénée, que la betterave soit plongée dans l'acide
carbonique, la végétation s'arrête, la tige ne croît plus: les
feuilles cessent de pousser. C'est que le sucre ne trouve plus dans
les parties profondes l'oxygène nécessaire à sa fermentation et
c'est dans la racine qu'il se transforme en alcool.

Les cellules constituant les tissus de la racine de la betterave
se comportent donc aussi comme les cellules isolées de la levure
de bière.

A l'état naturel celles-ci sont, à la surface des fruits, séparées de la pulpe par la pelure (épicarpe); dans la prune, par exemple, scellées, dans cette sorte de vernis velouté qui la recouvre. Tant que le fruit mûrit, les cellules du ferment sont comme nous les avons décrites dans l'eau pure, leur vie reste latente; semblables, dans ce premier stade de leur existence, aux graines ou aux oignons que l'on conserve. Mais voici que le fruit se gorge de liquide sucré, sa peau se distend, se colore, mollit et crève, le sucre exsude et rencontre les cellules de ferment les plus rapprochées de la plaie, aussitôt la levure germe aux dépens du sucre qui se transforme en alcool.

N'avez-vous pas souvent établi la comparaison entre le goût d'un fruit bien mûr, non ouvert et celui d'un fruit fendu ? Le premier, tout gonflé par un liquide fluctuant, est sucré, son parfum est doux et engageant. Le fruit ouvert est plus ou moins flasque, son jus plus coulant est de saveur aigre et de sa chair ouverte s'exhale une odeur vineuse. Ces changements dans les qualités de la pulpe du fruit (mesocarpe ou sarcocarpe) ont été déterminés par la fermentation alcoolique, sous l'action des cellules de levure, en contact avec le sucre du sarcocarpe.

On connaît plusieurs formes de levures.

Celle qu'on trouve le plus souvent à la surface des fruits est le ferment apiculé (fig. 3) (*carpozyma apiculatum*). Les grains ont la forme d'un pépin de citron, c'est-à-dire qu'ils sont ovalaires et portent à chacune de leur extrémité, un petit mamelon constituant l'apicule. Lorsque la vésicule de ce ferment germe, c'est à

Fig. 3. — *Ferment apiculé.* — 1. Cellules isolées. — 2. Cellules en germination.

l'extrémité de l'apicule que se montrent les nouveaux bourgeons, tandis qu'il est rare que le bourgeonnement de la levure de bière se fasse par les pôles de ses grains.

Le ferment alcoolique ordinaire du vin, ferment ellipsoïde (*saccharomyces ellipsoïdus* de Rees), est très semblable à la levure de bière.

La levure mycodermique (*saccharomyces mycoderma*), que l'on trouve abondamment dans les vins devenus plats, se compose d'éléments plus allongés, légèrement incurvés suivant leur grand axe.

La levure de farine (*saccharomyces minor*) est constituée par des grains globuleux plus petits que ceux des ferments précédents, évoluant et se comportant comme la levure de bière.

Il n'entre pas dans le cadre de notre sujet d'étudier comparativement la fermentation spéciale du jus de raisin dans la fabrication du vin, et celle de la farine dans la fabrication du pain, nous empiéterions ainsi sur le terrain d'autrés auteurs, collaborant à l'œuvre pour laquelle nous écrivons ces lignes. Nous faisons seulement ici l'étude générale de la fermentation; nous nous contenterons donc d'ajouter, à ceux qui précèdent, les faits fondamentaux qui suivent.

D'après Pasteur, 105 grammes de sucre de raisin produisent en fermentant :

Alcool....................................	51
Acide carbonique.....................	49
Glycérine.............................	3
Acide succinique	1
Matière assimilée par la levure........	1
	105

100 grammes de sucre de canne produisent le même effet que 105 grammes de sucre de raisin.

Pour son développement la levure doit, comme tout être vivant, puiser au dehors les éléments chimiques dont elle se compose; c'est-à-dire, comme éléments essentiels, du carbone, de l'oxygène, de l'hydrogène et de l'azote. Or le sucre contient bien les trois premiers de ces éléments et la fermentation explique leur assimilation, mais d'où vient l'azote?

Pasteur, en faisant germer des levures dans une dissolution de sucre candi à laquelle il ajoutait un sel d'ammoniaque (*tartrate d'ammoniaque*), observa la disparition de l'ammoniaque au cours de la germination; or on sait que l'ammoniaque est un corps azoté, d'où la conclusion rationnelle que dans la fermentation, pour les besoins de son développement, la levure s'entretient d'azote aux dépens de l'ammoniaque contenue dans les sucres naturels. Si certaines substances sont les auxiliaires de la fermentation, il en est d'autres qui la ralentissent ou l'arrêtent.

L'eau, aliment essentiel et fondamental pour tout corps vivant, est, avec le sucre, l'élément principal nécessaire à la nutrition des ferments : eh bien, dans certaines conditions, ces deux corps peuvent être des obstacles à la prolifération des corpuscules de levure.

Par exemple, si le sucre est en excès, la dite cellule ne peut prélever sur lui sa ration nutritive, et cela, parce que, dans ce cas, le sucre avide d'eau lutte contre l'élément vivant en retenant l'eau nécessaire à cet élément comme véhicule absorbant. Et dans ce milieu trop riche en aliment, la levure meurt altérée, affamée et asphyxiée.

Les confitures et les fruits confits sont préservés de la fermentation par l'excès de sucre sec dans lequel ils sont empâtés.

L'alcool concentré entrave le phénomène de la fermentation. Aussi les fruits à l'eau-de-vie sont-ils conservés dans les bocaux où ils nagent dans un bain d'alcool et de sirop de sucre.

Les acides un peu concentrés s'opposent à la prolifération des germes de levure, les cornichons ou les concombres confits dans le vinaigre sont d'agréables conserves alimentaires, alors qu'ils seraient rapidement altérés par la fermentation, s'ils étaient abandonnés à l'air.

Le sel marin ou le nitre sont défavorables à la fermentation alcoolique.

Enfin, il ne faut pas oublier d'ajouter que les agents physiques, la chaleur surtout, exercent également leur influence. Les conditions de température les plus favorables à la fermentation sont celles de 25 et 35° centigrades, les températures inférieures à 10° ou supérieures à 60° sont mortelles pour les cellules de la levure.

En résumé : la fermentation est « une série de phénomènes chimiques, se développant sous l'influence de l'activité d'un organisme vivant ». (Dr Dubief[1].)

La fermentation alcoolique révèle le phénomène sous sa forme la plus élémentaire.

Il reste encore un point que nous devons très fermement fixer dans l'esprit de nos lecteurs, c'est que la présence de la cellule vivante dans cette fermentation est la condition exclusivement nécessaire et suffisante. Si la cellule vivante est ici un agent de la fermentation, réciproquement, il n'est pas de fermentation en dehors de l'action de la cellule.

C'est encore Pasteur qui établit la démonstration de ce fait scientifique, puisqu'en semant la levure de bière dans le bouillon purement minéral dont nous avons donné la formule à la page 3, cet élément se reproduit en déterminant le phénomène de la fermentation.

Nous verrons au Chapitre IV et surtout dans le travail de M. Cambier sur les *Microbes de l'air* [2], comment M. Pasteur a démontré que dans un liquide semblable à ce *bouillon de culture*, aucune fermentation ne peut naître spontanément.

---

1. Dr DUBIEF. — *Manuel pratique de microbiologie.*

2. Voir le volume n° 17 de la *Bibliothèque scientifique des écoles et des familles.* — *Les microbes de l'air,* par M. CAMBIER.

CHAPITRE II

DES FERMENTATIONS EN PARTICULIER

Genèse du vinaigre ou fermentation acétique. — Fermentation lactique, le petit-lait. — Fermentation butyrique. — Fermentation
ammoniacale de l'urine. — Putréfaction.

Pour obtenir du vinaigre de vin, on laisse des bouteilles
contenant du vin ouvertes à l'air. Après quelques semaines, si l'on
a eu soin de laisser tomber préalablement dans les bouteilles
quelques gouttes de vinaigre déjà formé, le liquide est tout
entier transformé; au cours de cette opération, l'alcool a donné
naissance à l'acide acétique (nom chimique du vinaigre) et ce
phénomène est le résultat d'une fermentation. Un ferment, c'est-
à-dire une colonie de cellules vivantes, semé dans le vin, y a vécu,
s'est nourri et a proliféré aux dépens de l'alcool, mais ici un
agent auxiliaire est intervenu, c'est l'oxygène de l'air.

Tandis que la levure puise l'oxygène qui lui est nécessaire
dans le sucre même et dans le sucre seul pour l'utiliser, le mycoderme du vinaigre (*mycoderma aceti*), pour déterminer la méta-
morphose du vin en vinaigre, prend l'oxygène de l'air et le
cède à l'alcool, ainsi que nous le dirons plus loin.

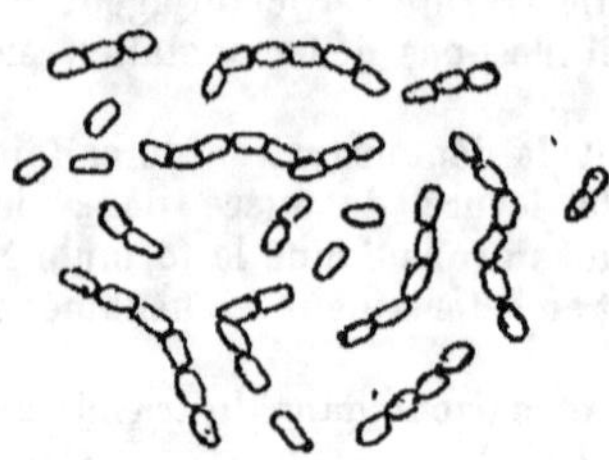

Faisons d'abord la connaissance du mycoderme acétique
qui est un microbe appartenant
au groupe des bactéries.

Imaginez une série en chapelet de granulations transparentes ayant chacune la forme
d'un boudin cylindrique, dont
les dimensions de chaque grain
est de 1,5 sur 2,5 millièmes de
millimètres, tel se montre le

Fig. 4. — *Mycoderme du vinaigre (mycoderma aceti). Type d'un microbe dit
bactérie en chapelet.

mycoderma aceti, dans une pellicule visqueuse flottant à la surface du liquide.

Les individus de cette colonie se multiplient non pas par
bourgeonnement comme ceux de la levure, mais par dédoublement des individus déjà formés. Un étranglement équatorial
apparaît à la surface d'une cellule, ce sillon se creuse jusqu'à ce

que cette cellule primitive soit fractionnée en deux cellules filles qui atteindront ensuite chacune les dimensions de la cellule mère.

Et maintenant comment l'organisme dont nous parlons opère-t-il la fermentation du vin s'il est semé dans ce liquide?

Le mycoderme emprunte à l'air atmosphérique la quantité d'oxygène et en même temps au vin la quantité d'hydrogène qu'il faut, pour que cet oxygène et cet hydrogène unis chimiquement constituent de l'eau, soit une partie en poids d'oxygène et deux parties d'hydrogène. Ce même organisme prend encore une partie d'oxygène à l'air qu'il emploie à former l'acide acétique qui finalement contient deux parties d'hydrogène de moins et une partie d'oxygène de plus que l'alcool. Tableau de la réaction.

Oxygène de l'air............	2	*Eau*............	Oxygène......	1
Hydrogène................	6		Hydrogène....	2
Oxygène................	1	*Acide carbonique.*	Hydrogène....	4
Carbone..................	2		Oxygène......	2
			Carbone.......	2

Le vinaigre peut s'obtenir chimiquement, sans l'intervention du mycoderme ; voici le principe de l'expérience classique par laquelle s'effectue la transformation de l'alcool en acide acétique par la mousse de platine :

On fait passer les vapeurs d'alcool mélangées d'air sur de la mousse de platine [1], sans chauffer. Il y a désoxydation de l'alcool et par suite transformation de cet alcool en acide acétique.

Mais tel n'est pas le moyen usité pour la fabrication industrielle du vinaigre.

La substance dite *mère du vinaigre* qui se trouve en dépôt dans les tonneaux ayant contenu déjà du vinaigre détermine l'acétification de l'alcool, parce qu'elle contient le mycoderme acétique.

Quand, au lieu de mère de vinaigre, c'est le copeau de hêtre qui est employé, la genèse du liquide acide est encore due à ce que ces copeaux, ainsi que l'a prouvé Pasteur, sont recouverts à leur surface du même mycoderme.

Au commencement de ce chapitre, nous avons dit que pour transformer du vin en vinaigre, il convenait d'y introduire préalablement quelques gouttes de vinaigre; ce n'est pas seulement parce qu'on introduit ainsi le germe de la fermentation,

---

1. La mousse de platine ou noir de platine est une poudre noire qui s'obtient en réduisant par l'ébullition une dissolution de chlorure platinique additionnée de potasse et de sucre. Sous cette forme, le platine absorbe 740 fois son volume de gaz hydrogène. On admet généralement que ce gaz s'y trouve alors comprimé à plus de mille atmosphères.

mais c'est aussi parce que le ferment acétique se développe mieux lorsque le liquide ambiant est acide.

Dans le vin non acidulé, en effet, le mycoderme acétique peut rencontrer un ennemi dont nous avons parlé dans le chapitre précédent, c'est le mycoderme du vin, qui provoque la fermentation suivant le mode des levures, et détermine ainsi la fermentation du vin plat et non celle du vinaigre qu'il entrave. L'acide acétique tue le *mycoderma vini* et c'est pourquoi quelques gouttes de vinaigre préparent dans le vin un champ de prospérité vitale au *mycoderma aceti*.

Ce dernier microorganisme ne se contente pas pour se nourrir d'oxygéner l'alcool en le transformant en vinaigre, il vit encore aux dépens du vinaigre même qu'il a engendré, quand il ne trouve plus d'alcool.

Dans ce dernier stade de la fermentation alcoolique, le liquide fermentescible est définitivement épuisé, transformé qu'il est en gaz acide carbonique et en eau; c'est cette transformation ultime qui s'accomplit lorsqu'au lieu d'en provoquer la fermentation, on détermine la combustion vive de l'alcool en l'allumant à l'air.

La crémation de l'alcool est donc la décomposition rapide de l'alcool en ses éléments volatils, décomposition que la fermentation opère lentement en faisant passer l'alcool par la forme vinaigre; la flamme bleue du punch est le phénomène lumineux et calorifique accompagnant la formation du gaz acide carbonique dans la combustion vive de l'alcool.

Nous allons maintenant passer rapidement en revue d'autres fermentations parmi les plus connues.

Le lait aigri ou petit-lait, d'où Scheele a, le premier, extrait l'acide lactique en 1780, est le résultat d'une fermentation dont est cause le bacille du lait (*bacillus lacticus*), ainsi que l'a prouvé M. Pasteur.

C'est par la fermentation lactique que se transforme le chou en choucroute et que l'eau de riz devient aigre.

L'élément vivant, dans ces divers phénomènes, s'attaque au sucre, qui se transforme en acide lactique, sans pour cela que les proportions relatives d'oxygène, d hydrogène et de carbone ne changent.

Pour comprendre le phénomène, comparez le sucre de lait ou le sucre de raisin à une étoffe tissée avec des fils de trois couleurs. Supposez que ces couleurs soient disposées suivant un ordre qui se répète dans toute la longueur de la pièce de ce tissu à la façon des dessins qui décorent les rouleaux de papier peint. Un artisan idéal sépare tous les fils constituant cette pièce d'étoffe, puis, les employant de nouveau, il se sert de ces mêmes fils pour confectionner une autre pièce d'étoffe égale en tout à la première, mais où les fils de couleurs sont autrement groupés. Enfin, dans chacun des motifs partiels du dessin nouveau, il n'emploie que la moitié des fils, de manière à doubler ainsi le nombre des dessins partiels. L'effet que produira à l'œil le nouveau tissu sera très différent de celui que produisait le premier et pourtant, seuls les mêmes éléments, dans les deux cas, seront groupés différemment. C'est à un travail de remaniément analogue que se livre le *bacillus lacticus*, dans les trames moléculaires du sucre de lait (lactose) ou du sucre de raisin (glucose) pour transformer ces matières en acide lactique.

Le *bacillus lacticus* ressemble assez au micoderme du vinaigre dont les éléments vivraient, non en chapelet, mais indépendants les uns des autres.

D'autres microbes sont susceptibles de déterminer la fermentation lactique. Il en existe dans la salive humaine. La *graine de kéfir* desséchée, fragment d'une levure comparable à la levure de bière, associé à un microorganisme particulier est employée dans certaine région du Caucase, pour provoquer la fermentation du lait de brebis et de chèvre et le transformer en un liquide acide et gazeux usité comme boisson.

Le koumis, préconisé comme remède dans certaines anémies, est du lait de jument fermenté.

Le bacille (fig. 5) qui porte le nom de *bacillus amylobacter* est en forme de bâtonnets (fig. 5, 1) cylindriques qui, lorsqu'ils produisent des spores, sont renflés à une extrémité (fig. 5, 2), c'est celui du beurre rance, d'où le nom de fermentation butyrique donné au phénomène chimique dont son développement est la cause essentielle ou auxiliaire.

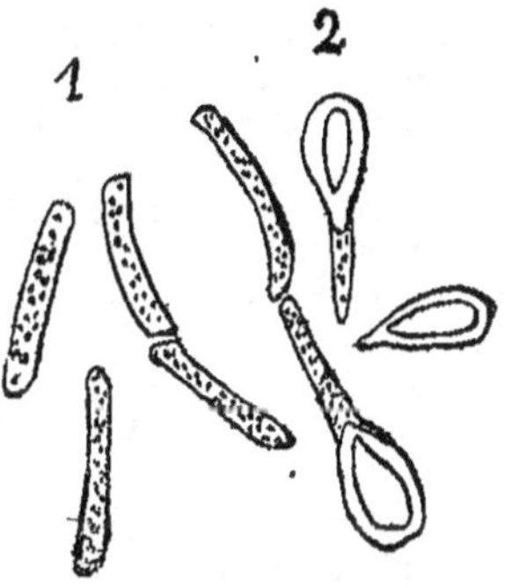

FIG. 5. — *Fermentation butyrique (bacillus amylobacter)*.

Ce microbe concourt aussi à la fermentation du fromage.

Il s'attaque encore à la cellule végétale dont il détruit la paroi, par un procédé physiologique extrêmement intéressant, tout semblable à celui qu'emploient les glandes salivaires pour digérer la fécule.

Les glandes salivaires, en effet, sécrètent la salive qui contient un principe capable de transformer la fécule ou l'amidon en sucre glucose. La fécule qui fait pâte avec l'eau ne peut sous cette forme filtrer au travers des parois digestives pour aller fournir au sang des éléments nécessaires à la nutrition profonde des tissus, tandis que, transformée en sucre, ce dernier corps étant soluble dans l'eau, elle traverse facilement les pores digestifs pour enrichir le sang de ses principes réparateurs.

Comme les glandes salivaires, le bacille amylobacter produit un principe chimique capable de transformer les fécules en sucre. Or, la cellulose dont se composent les parois cellulaires dans les végétaux est un corps de nature féculente. Une fois le sucre (glucose) formé, le bacille y fait naître une fermentation profitable à son développement.

C'est M. Van-Tieghem, membre de l'Académie des sciences et professeur au Muséum de Paris, qui a plus particulièrement fait connaître le mode d'activité propre du microbe dont nous nous occupons ici, activité que l'homme utilise pour le rouissage du chanvre ou du lin. Cette dernière opération consiste à laisser baigner les plantes textiles dans l'eau, après qu'elles ont été récoltées. Dans ces conditions, une fermentation se produit, c'est que le bacille consommateur des principes amylacés détruit le substratum des tissus cellulaires, l'eau désagrège et entraîne les produits que contenaient les cellules, et les fibres textiles sont isolées

Aux époques géologiques les plus anciennes, le bacillus amylobacter existait déjà ; il a contribué à ne laisser subsister des végétaux des époques carbonifères que les parties non cellulaires.

Enfin, c'est encore ce même microbe qui, dans l'estomac des ruminants, digère, comme notre salive le ferait, les principes amylacés contenus dans les végétaux dont les mammifères s'alimentent.

Ces deux derniers faits scientifiques, si intéressants, ont été, comme le précédent, établis par M. le professeur Van-Tieghem.

Nous ne pouvons pas clore l'histoire du bacillus amylobacter sans parler de la belle et importante découverte qu'il a suscitée à M. Pasteur.

Avant les travaux auxquels nous faisons allusion, on pensait que l'oxygène de l'air était absolument indispensable pour la vie de tous les êtres vivants, le bacillus amylobacter est un organisme satisfaisant à tous les besoins vitaux, quand il est soustrait à l'action de l'air.

Pasteur a appelé microbes *anaérobies* ceux dont le bacille de la fermentation butyrique est le type et qui vivent ainsi sans air, comme vivent les éléments anatomiques constituant les tissus profonds des végétaux et des animaux.

Les ferments ou organismes qui pour vivre sont en échanges

nutritifs directs avec l'oxygène de l'air sont au contraire dits *aérobies.*

Nous venons de voir comment le bacille amylobacter excrétait un produit comparable à celui de nos glandes salivaires, convertissant, comme ces glandes, la fécule en sucre fermentescible. C'est par un procédé analogue que le *microcoque de l'urine* agit pour provoquer la fermentation du liquide urinaire.

Ce ferment est constitué par des cellules ayant environ 2 millièmes de millimètres (fig. 6) disposées en chapelets sinueux ou pelotonnés; type, en tant que forme, de microbe arrondi.

Son action a comme résultat de décomposer l'élément de l'urine qu'on appelle l'urée.

L'urée provient de la désassimilation des organes. Le sang recueille, dans l'intérieur du corps des animaux, les éléments qui ont cessé d'être utiles aux tissus.

L'urée est du nombre de ces éléments. Est éliminé, avec l'urine, tout produit de dénutrition qui n'est

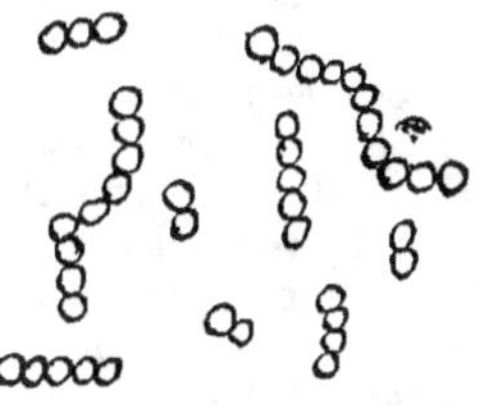

Fig. 6. — *Microcoque de l'urine (micrococcus uræ).* — Type de microbe arrondi en chapelet.

pas exhalé par le poumon sous forme d'acide carbonique et de vapeur d'eau, ou rejeté au dehors sous forme de liquide sécrété comme la sueur. Nous ne parlons pas des excréments qui sont émis sans avoir préalablement été fixés dans les tissus.

L'urine contient des sels en dissolution dans l'eau, avec de l'urée en quantité à peu près constante, soit 30 grammes environ en 24 heures, à l'état de santé. Ce corps, qui peut être isolé sous forme d'aiguilles transparentes, est une substance dite organique, c'est-à-dire élaborée par les organes vivants, tout comme l'amidon, la graisse, etc... Mais ce n'est pas un élément de réserve utile, au contraire, c'est un déchet.

Au cours d'un grand nombre de maladies, le médecin pratique l'analyse de l'urine, et souvent c'est seulement le dosage de l'urée qu'il fait, afin de savoir si le corps de son patient n'est pas en perte. Dans la terrible maladie qu'on nomme urémie, le rein refuse au sang les éléments chimiques qu'il devrait lui prendre pour élaborer l'urine et ce dernier liquide joue, dans l'organisme, le rôle d'un poison mortel.

Le microcoque de l'urine est un ferment qui s'attaque à l'urée et qui décompose ce corps en deux éléments volatils, l'acide carbonique et l'ammoniaque, deux gaz délétères dont le second est doué d'une odeur âcre infecte et suffocante qui pénètre dans les arrière-narines, provoque un picotement de la muqueuse et le larmoiement. Cette odeur répulsive est celle qui se dégage des urinoirs publics mal tenus.

Mais c'est seulement à l'air que le micrococque agit comme ferment et non jamais dans l'intérieur de l'organisme, aussi n'y a-t-il jamais *fermentation ammoniacale* de l'urée, dans les cas de rétention urinaire.

La dernière fermentation essentielle dont nous entretiendrons ici le lecteur est la putréfaction qui, grâce aux travaux de M. Pasteur, doit être assimilée aux phénomènes de fermentation que nous venons d'exposer.

Dès que la vie a disparu d'un corps vivant, celui-ci est envahi par des microorganismes aérobies et anaérobies qui se succèdent suivant des lois fixes et qui, par des fermentations successives, opèrent une crémation lente du cadavre. Et lorsque l'œuvre de destruction est complètement achevee, il ne reste plus que les spores de ces microbes nécrophages, semence prête à donner naissance à des colonies nouvelles de ferments semblables à ceux qui les ont produits, quand elle retrouvera le terrain favorable à son développement vital.

Grâce à ces microbes, maîtres de la dépouille de tout ce qui meurt, la surface de la terre a repris les éléments chimiques provenant de tout ce qui a vécu, depuis l'origine de la vie sur la terre.

CHAPITRE III

MICROBES ET MALADIES

Maladies microbiennes. — Cultures des bactéries. — Vaccinations pastoriennes. — Applications à l'hygiène et à la médecine. — Antisepsie, filtration, désinfection.

Dans les deux chapitres précédents, consacrés à l'étude du phénomène de la fermentation, nous avons fait connaissance avec un certain nombre de microorganismes et nous voilà déjà bien éloigné de la terreur qu'éveille le mot microbe chez ceux ne connaissant ces petits êtres que par le mal que certains d'entre eux répandent. Oui, sans doute, il est des microbes bienfaisants.

Mais il en est, et ils sont nombreux, qui sont pour nous des

ennemis redoutables. L'air que nous respirons, l'eau que nous
buvons, l'aliment que nous mangeons, indispensables à notre
existence et nécessaires même à la joie de vivre, peuvent con-
tenir les germes d'une mort fatale et douloureuse.

La fièvre typhoïde, le choléra, la tuberculose et bien d'autres
affections sont des maladies microbiennes. Contre ces ennemis,
la médecine et l'hygiène peuvent lutter quelquefois avec avantage
depuis qu'on connaît leur existence et leur manière d'être.
Certains soins de propreté dirigés avec discernement suffisent à
nous préserver souvent des maux les plus graves.

Les microbes malfaisants qui s'attaquent à l'homme ou aux
animaux pénètrent dans leur corps, soit par les aliments, soit
par les organes respiratoires, soit par des solutions de continuité
de la peau.

Représentons-nous le corps humain lui-même, comme une
colonie d'êtres microscopiques qui vivent à la façon des microorganismes, avec cette différence que, très divers de forme et de
besoin, ils ont une existence collective et se prêtent une aide
mutuelle. Tout en accomplissant chacun séparément leur fonction
spéciale, ils concourent ensemble à la vie de la colonie entière,
se partageant une partie bien définie du travail total, de sorte
que la vie de l'organisme entier n'est que la résultante du travail
partiel de chacun de ces éléments.

Le globule rouge, charrié par le sang, aspire au travers
de la muqueuse respiratoire l'oxygène qu'il porte aux organes
profonds qui en ont besoin ; les cellules qui tapissent l'intérieur
des glandes salivaires ou mammaires puisent dans le sang les
éléments chimiques nécessaires à l'élaboration de la salive ou du
lait, les éléments du bulbe dentaire prennent les sels nécessaires
à'la confection des dents, etc...

« Ces unités vivantes, selon l'heureuse comparaison que
Duclaux en a donné dans son beau livre sur le *Microbe* et la
Maladie, constituent par leur agglomération un véritable empire ;
réunion de cités plus ou moins florissantes, ayant chacune leur
vie propre, mais exigeant pour leur existence des conditions spéciales. Cellules policées, elles réclament une nourriture particu-
lière qui doit leur être apportée d'une façon suffisante par les
nombreux vaisseaux qui relient ces cités entre elles, comparables
à nos routes et à nos canaux. Il faut aussi que le produit excré-
mentitiel de chacune d'elles trouve une issue rapide, et qu'un
système d'égout, permettez-moi l'expression, conduise au dehors
leurs excrétions journalières. Il faut enfin qu'elles puissent
communiquer les unes avec les autres et qu'elles obéissent au
pouvoir central qui les dirige ; ce rôle est dévolu au système
nerveux dont les branches représenteraient, dans la comparaison

que je viens de vous faire, les fils télégraphiques d'un réseau
admirablement organisé.

·La santé résulte du bon fonctionnement de chacune de ces
cités, de l'harmonie des concours que chacun y apporte, et de
l'appui réciproque qu'elles se prêtent l'une à l'autre. Examinons
maintenant quelles sont les circonstances qui viennent rompre
cette harmonie. D'abord, c'est l'âge même de ces cellules, et cet
empire si florissant au début de la vie et à l'âge adulte verra ses
forces s'amoindrir à mesure que les années s'avanceront; puis
les périodes de déclin et de décrépitude se feront sentir, la mort
surviendra et, de cet empire puissant, il ne restera plus que les
parties misérables, ves* ves de la grandeur du passé, comparables
à ces monuments σ   l'explorateur découvre par des fouilles
persévérantes et qui indiquent, par leur présence, qu'une grande
cité ou qu'un grand peuple a existé sur ce sol aujourd'hui
désert.

Dans d'autres circonstances, c'est la nourriture nécessaire à
la vie de chacune de ces cellules qui ne lui parviendra pas en
quantité suffisante; la route destinée à les faire arriver s'obli-
térant, la cité succombera.

Ou bien ce seront les voies d'excrétion qui seront bouchées, .
et, de même que nous voyons nos grandes villes infestées par le
mauvais fonctionnement de leurs égouts, de même l'économie
sera empoisonnée par cette rétention des produits excrémen-
titiels.

· Enfin, il peut arriver que certaines cités rompront le pacte
qui les unit entre elles; elles voudront vivre d'une vie indépen-
dante; leurs cellules prendront un développement anormal et,
n'obéissant plus au pouvoir central, elle constitueront une
cause d'affaiblissement et de mort pour l'organisme tout
entier; c'est ce qui arrive pour les tumeurs de nature maligne.

Cet empire, si bien organisé, a sur ses frontières dé nombreux
ennemis qui l'attaquent incessamment. Ces ennemis, ce sont les
barbares qui ne connaissent qu'une loi, la loi de la multiplication : ils ont une existence individuelle, vivant d'ailleurs de
peu, de rien pour ainsi dire, ce sont les microbes pathogènes.

Que la moindre fissure se fasse à l'extérieur, ces microbes
pénétreront dans l'économie, et il leur suffira de quelques heures,
dans certains cas, pour détruire à jamais cet organisme si
résistant. Mais il n'en est pas toujours ainsi et, par bonheur,
grâce à la bonne organisation de l'économie tout entière, grâce
à la surveillance si active qu'elle exerce sur toutes ses frontières,
l'invasion ne pourra pas se produire, ou, si elle se fait, les pre-

miers occupants seront rapidement expulsés au dehors ou détruits[1].

Dans certaines circonstances, la résistançe fléchira sur quelques points, et nous verrons alors les microorganismes occuper, soit à titre permanent ou passager, soit à titre définitif, certains points du territoire. Ainsi cantonnés, les microorganismes tendront à faire des excursions nouvelles sur le pays ennemi, mais si les mesures sont bien prises, si les nouvelles frontières sont bien gardées, l'infection restera toute locale, et même l'organisme, ayant pris de nouvelles forces et ayant rassemblé de nouveaux éléments de combat, pourra chasser hors de son territoire les barbares qui l'occupent. C'est ce qui arrive pour bien des affections, pour la tuberculose, par exemple, que nous voyons rester pendant des années, pendant toute la vie, localisée en un point du corps et pouvant même guérir sans que pour cela les bacilles aient envahi l'économie tout entière.

Dans d'autres circonstances, la multiplication incessante des microorganismes, qui a été une des causes de la victoire qu'ils ont remportée sur l'organisme qu'ils attaquent, est aussi une cause de leur déchéance. Au début, ils trouvaient dans le pays conquis une nourriture abondante; mais leur nombre toujours croissant diminue cette prospérité passagère, la misère et la mort les frappent bientôt à leur tour, et si l'économie a encore quelques cités non compromises, nous verrons l'empire renaître de ses cendres et, après avoir passé par des phases diverses, reprendre l'activité et la splendeur des temps de prospérité. C'est ce qui arrive dans les cas de maladie où la guérison survient après un temps plus ou moins long.

Enfin quelquefois, pour combattre l'ennemi envahisseur, l'économie peut lever, pour ainsi dire, des troupes spéciales et faire, comme l'a dit très spirituellement notre collègue Legroux, une *mobilisation cellulaire*, composée d'unités connaissant la tactique de l'ennemi envahisseur et qui, habituées, par des attaques antérieures, au mal qui veut les frapper, résistent à l'invasion et la rejettent hors des frontières. Metschnikoff a donné à ces troupes spéciales le nom de *phagocytes*...

D'autres fois, l'économie peut appeler à son aide des microorganismes qui viendront combattre l'ennemi envahisseur...

Dans cette lutte que soutient chaque jour et à chaque instant l'économie contre l'élément envahisseur, la thérapeutique et

---

1. Un des faits les plus frappants de ces moyens de défense pour l'organisme est celui qui la soustrait à la contagion du charbon. Le microbe charbonneux, dans le sang, est absorbé par les globules blancs qui le détruisent en le digérant. Voyez *la Fièvre*, par le Dr GARRAN DE BALZAN, n° 18 de la Collection.

l'hygiène peuvent-elles intervenir et aider l'organisme à se débarrasser de ces éléments directs qui conduisent à sa perte? Assurément oui. » (Dujardin-Beaumetz [1].)

Les lignes qui précèdent, écrites par la main d'un maître éminent autant en pratique littéraire que scientifique, nous apprennent comment la guérison peut être spontanée et résulter souvent de la lutte entre les éléments normaux, dont se compose le corps humain et les microorganismes pathogènes.

Mais les interventions médicale ou chirurgicale sont plus souvent suivies de succès aujourd'hui qu'autrefois, grâce à la connaissance qu'on a de l'élément nocif, et l'hygiène surtout est fortifiée, dans ses moyens défensifs.

Certaines substances qu'on nomme antiseptiques, dont nous parlerons plus loin, sont maintenant d'un usage commun et employées avec opportunité, elles assurent des guérisons ou préviennent des accidents, alors que dans le passé certaines maladies étaient fatalement mortelles et que des complications irréparables survenaient.

Avant les travaux de Pasteur, le chirurgien qui faisait une opération prenait intuitivement des précautions et certains soins de propreté, en lavant, par exemple, les parties entamées avec de l'eau phéniquée. Mais il se contentait de passer ses instruments à l'eau tiède et de les essuyer, quelques-uns pouvaient même dire : *le sang lave les instruments !* Sur son instrument mal lavé, des bactéries naissaient, et le bistouri devenait pour le malade souvent un instrument de mort; sur ses doigts rincés seulement au savon, il emportait des colonies de microbes infectieux, ces mains de guérisseur qu'il posait sur la plaie des clients confiants y semaient des germes mortels.

Aujourd'hui les manœuvres chirurgicales les plus audacieuses réussissent constamment, parce que tout ce qui touche ou approche le malade opéré avant, pendant et après l'opération, a été préservé de l'atteinte des microbes dangereux.

L'une des substances antiseptiques les plus énergiques et les plus employées est la solution aqueuse de *bichlorure de mercure* ou *sublimé corrosif*, poison des plus dangereux et des plus violents, qui, même diluée, ne peut guère être employée que par les praticiens.

C'est dans le sublimé corrosif ou mieux dans l'acide phénique que baignent les instruments du chirurgien qui va opérer, c'est avec un linge lessivé au sublimé qu'il les essuie, après s'être lavé les mains et les bras dans le même liquide. C'est de cette solution

---

1. DUJARDIN-BEAUMETZ, *Conférences de thérapeutique de l'hôpital Cochin*, 1 vol.

encore qu'il se sert pour nettoyer la plaie; l'ouate qu'il introduit dans les parties coupées est préparée au sublimé; aucun auxiliaire ne l'aide s'il n'a préalablement fait une toilette antiseptique et s'il n'est revêtu comme lui-même d'une blouse de toile lavée au sublimé.

Alors toutes les conditions préservatrices, prophylactiques, comme disent les savants, sont remplies, et la réussite de l'opération est généralement assurée si le chirurgien éclairé a consenti à la faire.

Nous avons dernièrement visité le service d'un chirurgien renommé, dont nous épargnons la modestie en ne le nommant pas, et qui pratique couramment les opérations de la laparotomie.

Cette opération est des plus simples à expliquer. L'opérateur pratique une ouverture médiane du ventre au-dessous du nombril jusqu'à découvrir les viscères, c'est-à-dire qu'il fend successivement la peau, le plancher musculaire et la membrane du péritoine qui recouvre les viscères abdominaux; il tire au dehors la région viscérale dont il doit, par exemple, extraire une tumeur, enlève celle-ci, remet les viscères en place, puis, au moyen de points de suture (couture) recoud le péritoine, les muscles et la peau, en ménageant une issue d'où, par drainage, s'échappent les produits de la suppuration, et par où l'on pousse, tant que la cicatrisation n'est pas faite, des injections antiseptiques.

Nous avons non seulement vu réussir, le même jour, plusieurs opérations, mais dans la salle où l'éminent praticien soigne ses patients qui sont des patientes, nous avons pu compter cent opérées guéries n'ayant plus, pour la plupart, sur la région soignée, qu'un tatouage cicatriciel blanc, qui révélait la place et l'étendue de l'ouverture pratiquée.

Depuis que les moyens de prophylaxie sont employés contre l'œuvre des microbes infectieux, les maladies purulentes, comme la pourriture d'hôpital et autres, ne sévissent plus épidémiquement dans les établissements hospitaliers ou dans la clientèle des médecins où elle était si fréquemment importée jadis.

Nous allons voir, dans ce chapitre, comment, des microorganismes considérés comme ferments, Pasteur a été amené à prouver l'intervention des microbes comme cause efficiente de maladies, et de quelle lumière il a éclairé des horizons jusqu'alors inconnus dans le champ médical. C'est pourquoi les éloges adressés à M. Pasteur ne seront jamais à la hauteur des services rendus à l'humanité par cet illustre savant, dont la vie se compose d'une carrière scientifique, dans laquelle chaque étape a été un immense chemin parcouru.

Car nous sommes loin d'en avoir terminé avec l'histoire des travaux de ce grand savant. Nous ne pouvons même ici que signaler ses premières recherches et nous devrons réserver pour un autre fascicule égal au premier, avec quelque développement, ces belles théories de l'atténuation des germes et des vaccinations pastoriennes qui ne sont pas dépassées en éclat, par les découvertes dont nous aurons parlé déjà [1].

C'est par ses travaux sur la bactérie charbonneuse que Pasteur passa du domaine de la science pure à celui de la médecine.

Qui ne connaît la maladie du charbon au moins par son triste renom? Le plus souvent cette terrible maladie, du reste assez rare chez l'homme, est contractée par ceux qui sont appelés par profession à toucher les cadavres d'animaux domestiques abattus parce qu'ils étaient atteints du charbon, particulièrement les moutons et les bœufs. Le mal peut être également répandu par les mouches qui se sont posées sur les mêmes charognes charbonneuses, et dont les pattes ou les poils sont couvertes du microorganisme. Que la mouche se pose sur la peau excoriée d'un homme, la bactérie charbonneuse est semée.

Au point correspondant à l'écorchure va se développer la *pustule maligne.* D'abord apparaît une aréole rutilante présentant une petite vésicule centrale remplie de liquide, accompagnée de démangeaisons. La vésicule crève pour être remplacée par une écaille (escharre) centrale circulaire, qui noircit en croissant rapidement; en même temps naissent autour de la partie rouge une couronne de vésicules semblable à la première. L'invasion du mal dans l'organisme se fait assez discrètement, mais quelques jours après les premiers accidents, la fièvre éclate, accompagnée de troubles respiratoires, de diarrhée et de vomissements, et presque fatalement, le malade meurt.

Le charbon peut également s'inoculer par le tube intestinal et donner lieu à la fièvre charbonneuse qui s'annonce par des courbatures, continue par des coliques, accompagnées de vomissements et de diarrhée et qui se termine après quelques jours par des accidents rappelant le choléra et rapidement mortels.

Si cette affection est rare chez l'homme, elle sévit épidémiquement chez les animaux, appelée *fièvre charbonneuse* ou *sang de rate.* Les bêtes qui en sont frappées en meurent dans l'espace de quelques heures.

Ne devant pas faire ici l'étude spéciale et complète de l'affection charbonneuse, même au point de vue microbien, puisque

---

1. Dans le fascicule que nous annonçons, il sera également fait mention des remarquables travaux de M. Roux et autres savants, démontrant que l'inoculation du virus atténué exerce ses effets en *accoutumant* l'organisme au poison; c'est l'application de ce principe qui a conduit MM. Roux et Behring à découvrir le remède contre la diphtérie. — Voir le n° 25 de la collection. *Croup et diphtérie,* par le Dr LESAGE

nous traiterons à part et spécialement les maladies microbiennes, nous nous contenterons d'esquisser l'historique de la question.

En 1850, Royer et Davaine communiquèrent le charbon à des animaux en injectant dans le sang de ces animaux du sang de rate emprunté à d'autres animaux malades. Ils examinèrent le fluide nourricier des sujets qu'ils avaient tués ainsi, les premiers ils y signalèrent l'existence de petits bâtonnets immobiles, c'etaient des bactéries charbonneuses, mais leur découverte se borna seulement à cette constatation.

Après eux, la bactérie charbonneuse fut confondue avec un microorganisme qui l'accompagne toujours, le vibrion septique, qui, très dangereux lui-même, accomplit un rôle tout différent en concourant au travail de la putréfaction. Tandis que son compagnon charbonneux est toujours immobile, le vibrion de la purulence est sans cesse agité de mouvements très caractérisés.

En 1877, Pasteur parvient à séparer les deux microorganismes ; il isole et cultive seul le *bacillus anthracis*. Le tube dans lequel ce bacille est semé contient un bouillon [1] qui répond exactement à ses besoins nutritifs. Dans cette liqueur il prolifère, en colonie, Pasteur y plonge la pointe d'une aiguille, pique ensuite des animaux à l'aide de cette aiguille empoisonnée par les germes et communique ainsi le charbon à l'animal piqué.

Cette opération qui paraît simple est pourtant des plus délicates.

Non seulement pour isoler le bacille du charbon il a fallu trouver la formule d'un bouillon lui convenant et ne convenant pas à son concurrent vital le vibrion septique, mais encore il a été nécessaire d'imaginer des précautions destinées à diminuer, au point d'annuler, les chances d'introduction dans le bouillon de germes étrangers, soit qu'il en existât déjà sur la pointe de l'aiguille qui pouvait en avoir recueilli sur la table, sur les doigts de l'opérateur, ou sur les parois du récipient, soit que les divers produits employés pour la confection du bouillon en continssent aussi, et ces derniers évidemment se trouvaient déjà dans un milieu convenant à leur prospérité vitale.

---

1. Nous avons déjà vu dans le chapitre 1er que, pour déterminer artificiellement le bourgeonnement de la levure de bière, Pasteur avait imaginé de semer les germes dans un liquide fournissant aux cellules les éléments nécessaires à leur alimentation. C'est en généralisant l'application de cette méthode que ce savant a permis de constituer des bouillons de culture propres à chaque espèce de microorganisme et dans chacun desquels les microorganismes appartenant à d'autres espèces ne peuvent vivre.

Sans entrer dans des détails trop techniques, nous allons donner un exemple des procédés expérimentaux employés par les bactériologistes, en application des principes pastoriens.

Nous prendrons plutôt des exemples particuliers qui permettront de concevoir, sinon de connaître à fond la méthode générale.

On doit semer le microorganisme à étudier dans le milieu nutritif qui lui convient ; le milieu nutritif doit être le plus souvent composé artificiellement par l'opérateur, ce sera par exemple un bouillon de poulet, pour cultiver le choléra des poules.

Voici la composition d'un bouillon, dit bouillon de culture, assez usité.

On fait bouillir de la viande bien maigre (bœuf, volaille, poisson, suivant les besoins), on sale le bouillon ; pour détruire son acidité on y ajoute du carbonate de soude, le plus souvent pour lui faire prendre, après refroidissement, la consistance d'une gelée et aussi, pour répondre au goût spécial du microorganisme, on y ajoute de la gélatine. On filtre et on laisse refroidir dans un endroit frais, voilà notre *bouillon de culture* confectionné.

Après refroidissement, il n'est pas douteux que des microorganismes y vivent déjà en grand nombre, prêts à y accomplir leur œuvre. Il faut les faire disparaître, c'est ce qu'on appelle *stériliser* le milieu de culture.

Préalablement on a distribué la gélatine dans de petites éprouvettes (tubes à essai) ou on les étend sur des plaques de verre, suivant le procédé de culture qu'on voudra employer.

Adoptons par exemple les tubes à essai. On les bouche à l'aide de petits tampons d'ouate et on les place au bain-marie. La chaleur fait périr tous les microbes qui pourraient se trouver sur les parois du tube, dans l'ouate ou dans le bouillon.

Mais il ne suffit pas de chauffer à la température de l'eau bouillante pour faire périr tous les germes vivants et comme en augmentant la pression l'eau bout à une température de plus en plus élevée, le bain-marie doit être placé sous pression.

On appelle *autoclave* le récipient qui permet de chauffer au bain-marie et sous pression les objets à stériliser. C'est une chaudière métallique dont le couvercle se ferme au moyen de forts boulons et est pourvu d'une soupape de sûreté et d'un manomètre à cadran.

L'expérience a démontré qu'à une température de 115° tous les microorganismes étaient détruits.

Il est évident qu'on peut stériliser à haute température seuls les corps non décomposables par la chaleur ou non volatils au-dessous de 115°, aussi existe-t-il d'autres moyens, dont nous ne pourrions parler sans entrer dans trop de détails.

Les éprouvettes sont retirées de l'autoclave et du bain-marie; l'ouate, ainsi que l'expérience l'a démontré, ne se laisse pas traverser par les microorganismes que transportent les poussières atmosphériques. Après refroidissement, un terrain vierge est prêt à recevoir telle culture qu'on y voudra développer.

Supposons qu'il s'agisse d'étudier le bacille du charbon et que le bouillon contenu dans les tubes à essai soit celui qui convienne le mieux au microbe en question.

L'opérateur prend une fine aiguille de platine qu'il fait passer au travers de la flamme d'une lampe à alcool; à cette température, les microorganismes qui pouvaient être adhérents à l'aiguille sont *flambés*; l'aiguille se refroidit vite. Promptement, sa pointe est plongée dans la pustule maligne, vivement le tube contenant la gélatine est ouvert, sans qu'on touche du doigt la partie d'ouate qui doit frotter sur les parois du tube quand il en est bouché. La pointe de l'aiguille est introduite ensuite dans la gélatine,

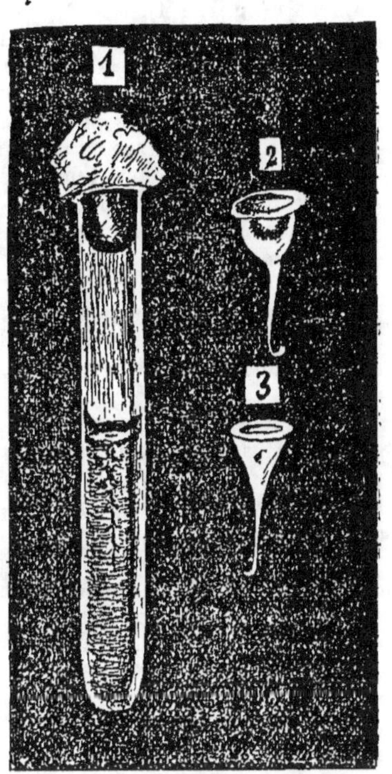

Fig. 7. — Formes que prennent dans la gélatine les cultures des bactéries du charbon (1), du choléra asiatique (2), du choléra nostras (3).

de bas en haut; c'est dire que l'éprouvette est tenue verticalement mais renversée; grâce à la consistance de la gélatine refroidie, le contenu du tube ne tombe pas, et, dans cette position, les poussières atmosphériques peuvent moins facilement pénétrer dans le tube. L'éprouvette est rebouchée par le tampon d'ouate et placée dans un endroit où, si la température est convenable, les microorganismes pris par l'aiguille dans la pustule maligne se reproduiront et formeront bientôt, dans la gélatine,

une colonie constituée par d'innombrables bacilles du charbon.
Or l'ensemble de la colonie aura la même forme dans tous les
tubes où aura été semé le même bacille, qui contiendront le
même bouillon, et cette forme sera caractéristique ; elle per-
mettra, entre plusieurs cultures, de reconnaître celle du bacillus
anthracis (fig. 7, n° 1).

Si l'on avait opéré avec des bacilles en virgule du choléra
asiatique, c'est la forme (2) qu'aurait prise la colonie semée dans
un bouillon de gélatine, tandis que c'est la forme (3) qui carac-
tériserait la colonie des spirilles vivant dans les déjections au
cours du choléra nostras ou saisonnier.

Ajoutons qu'en même temps que les colonies se développent
dans leur bouillon propre, celui-ci se modifie non seulement
dans sa composition chimique, puisqu'il nourrit les microbes en
culture, mais encore dans sa constitution physique. Selon les
bactéries cultivées la gélatine se trouble, ou se liquéfie, etc.,
autant d'indications précieuses pour éclairer l'expérimentateur.

Il existe d'autres moyens de cultiver les microbes dont beaucoup ne sont que des variétés de celles dont on vient de lire le
résumé.

Nous ajoutons seulement à ce qui précède quelques notions
sur la stérilisation à froid, dont la plus simple est la filtration.
On emploie par exemple la filtration pour constituer des bouillons stérilisés qui ne sauraient supporter l'action de la chaleur
sans s'altérer.

Le filtre le plus simple se compose d'un vase poreux en terre
de pipe F (fig. 8) dont l'ouverture est pourvue d'un bouchon de
caoutchouc stérilisé par macération préalable dans un liquide
antiseptique ; ce bouchon est traversé par un tube de verre
recourbé deux fois ; l'une de ses extrémités recourbées pénètre
jusqu'au fond du cylindre sans le toucher, l'autre extrémité
passe dans un second bouchon de caoutchouc également stéri-
rilisé. Ce dernier bouchon est percé d'une deuxième ouverture dans laquelle s'engage un tube vertical recourbé en forme
de crosse à son extrémité supérieure ; par l'extrémité extérieure
de ce tube on peut exercer une aspiration, au moyen d'une
trompe, par exemple, qui fait appel du liquide contenu dans le
vase poreux, lequel liquide est, à mesure qu'il passe dans le vase B,
remplacé par du liquide filtré provenant du vase A.

Lorsqu'on a ainsi recueilli du bouillon filtré, privé, grâce à
cette filtration, de tout microorganisme, on ferme le ballon B à
la lampe, et le bouillon se conserve, aussi longtemps qu'on le
veut, dans un état parfaitement pur, ou du moins privé de tout
élément vivant, s'il a été préalablement stérilisé lui-même.

On conçoit qu'un dispositif analogue permette de construire,

pour les besoins domestiques, des filtres destinés à filtrer l'eau
Il est essentiel, dans ce cas, de démonter de temps en temps le
filtre, de plonger dans l'eau bouillante le tube poreux dont on
frottera la surface extérieure avec une brosse qui sortira elle-
même de l'eau bouillante. Si la température de l'eau bouillante
ne détruit pas tous les microorganismes, elle fait du moins périr
tous ceux qui dans l'eau sont des germes dangereux.

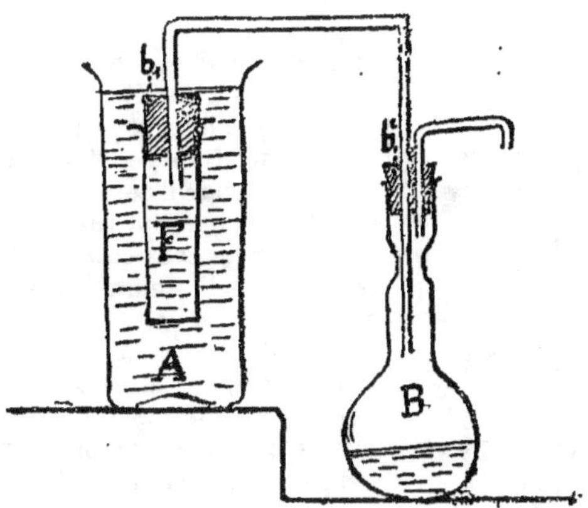

Fig. 8. — Filtre stérilisateur.

Le filtre Chamberland (fig. 9), dont l'usage est si généralise
aujourd'hui, n'est qu'un perfectionnement du dispositif que nous
venons de décrire.

La partie essentielle du filtre imaginé par M. Chamberland,
le distingué collaborateur de M. Pasteur, est une bougie de terre
poreuse, creuse dans toute la partie qu'occuperait la mèche,
dans une bougie ordinaire mais fermée à sa base.

Employée sans pression, la bougie est immergée dans le
liquide à filtrer et sa bouche est mise en communication avec un
aspirateur. Il existe, dans le commerce, de petits aspirateurs
en verre très simples qui font de cet appareil un ustensile de
ménage assez pratique à défaut du dispositif un peu plus com-
pliqué, plus coûteux, mais meilleur qui utilise les pressions à
laquelle l'eau se trouve dans les conduites.

La figure 9 représente le filtre Chamberland adapté à un robinet.

A, est la bougie de terre poreuse enfermée dans un vase
entièrement clos B, dont elle traverse de part en part le fond,
tandis que le robinet adducteur en traverse la paroi supérieure.

La pression de l'eau dans le vase B hâte au travers des pores fins de la bougie le passage de l'eau qui sort filtrée par l'orifice C.

Revenons, en terminant ce chapitre, à la bactérie charbonneuse, au moment où nous l'avons vue être isolée par M. Pasteur, dans le bouillon gélatiné, qui permit au savant de la cultiver dans un état de véritable domestication.

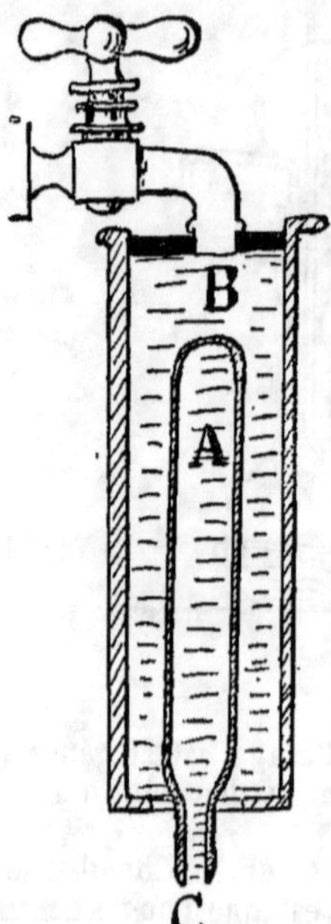

Fig. 9. — Filtre Chamberland.

Découverte non moins admirable que les précédentes, en laissant vieillir la culture en question, M. Pasteur prouva que le terrible bacille perdait de sa virulence et que lorsque sa puissance toxique était ainsi atténuée, si on l'introduisait dans le sang d'animaux capables de prendre le charbon, comme les moutons ou les bœufs, ceux-ci étaient désormais soustraits à l'atteinte de la maladie du charbon. Ils étaient vaccinés. Quel service rendu à l'agriculteur, à l'humanité tout entière, que cette application rationnelle de la découverte de Jenner qui avait été réalisée empiriquement par ce dernier, pour combattre la variole par le vaccin de génisse.

Cette atténuation du virus bactérien permettant la vaccination a été appliquée pour la première fois par M. Pasteur, contre le *choléra des poules*, indiquant ainsi le remède à ce fléau.

C'est pour cette découverte et les heureuses applications qu'il en fit sur les bestiaux malades que M. Pasteur reçut une récompense nationale.

L'extension de cette méthode a fait découvrir le vaccin contre la rage des chiens dont l'origine microbienne n'est pas absolument prouvée. Aidé dans ses recherches par des collaborateurs éminents, MM. Roux et Chamberland, suivi par des disciples brillants, comme MM. Duclaux, Chantemesse, Grancher, Strauss, Dubief[1] et Lesage, etc., les découvertes dans la voie nouvelle se sont rapidement multipliées en France, comme à l'étranger.

1. M. le Dr Dubief, dont nous avons cité déjà le nom, est l'auteur d'un *Manuel pratique de bactériologie* où nous avons puisé un grand nombre de renseignements techniques. — 1 vol. (O. Doin, éditeur).

Un premier institut Pasteur a été fondé à Paris, ouvert aux malades atteints plus particulièrement de la rage et aux chercheurs dont le maître lui-même dirige les travaux.

Rappelons, en passant, et saluons la mémoire d'un héros que cette science toute nouvelle a déjà frappé de mort glorieuse.

Le jeune Louis Thuillier, à peine sorti de l'École normale supérieure, mourut en Éygpte du choléra qu'il était allé étudier au point où il sévissait le plus.

Les pratiques de stérilisation ont été appliquées non seulement par les savants dans les laboratoires, pour les besoins des travaux bactériologiques, et par le chirurgien ou le médecin, mais elles sont encore pratiquées en grand et couramment pour la désinfection des rues ou des objets divers en temps d'épidémie, ou bien encore après décès pour détruire tous les germes de contagion.

Ces moyens sont même d'une application si simple qu'on devrait les imposer aux populations des campagnes et des villes de province, et tout d'abord dans nos écoles.

Les substances antiseptiques, comme l'acide phénique et le sublimé corrosif, sont, avons-nous dit, usitées comme armes de défense préventive, aussi nous semble-t-il intéressant de donner ici la liste des principales.

I. *Antiseptiques les plus énergiques.*

Bichlorure de mercure ou sublimé corrosif.	0gr,07 pour 1,000 d'eau.	
Eau oxygénée	0 05	—
Azotate d'argent	0 08	—

II. *Antiseptiques très énergiques.*

Iode	0gr,25	—
Acide cyanhydrique	0 40	—
Sulfate de cuivre	0 90	—

III. *Antiseptiques énergiques.*

Bichromate de potasse	1gr,20	—
Gaz ammoniac	1 40	—
Chlorure de zinc	1 90	—
Acide thymique	2	—
Acide phénique	3 20	—
Permanganate de potasse	3 50	—
Alun	4 50	—
Tannin	4 80	—

Enfin sont également antiseptiques, mais de plus en plus faiblement :

L'acide arsénieux (6) [1], l'acide borique (7,50), le salicylate de soude (10), le sulfate de protoxyde de fer (11), la soude caustique (18), le borate de soude (70), l'alcool (95), le sel marin (165), la glycérine (225), l'hyposulfite de soude (275).

Parmi ces substances il en est d'inoffensives pour l'homme qui sont d'un prix assez peu élevé, pour qu'il soit facile de s'en servir en aspersions, d'une façon plus courante. Bien des communes ont des pompes à incendie, toutes devraient avoir, au moins, une petite pompe de jardin à main dont l'instituteur ferait le premier usage pour projeter de temps en temps, et surtout en cas d'épidémie, sur les parquets et sur les murs de ses classes une solution à deux pour 1,000 de chlorure de zinc, ou de thymol, ou bien d'acide borique à raison de 8 grammes dans 1 litre d'eau.

Ce service municipal, si simple qu'il fût, représenterait la réduction de celui de la ville de Paris si parfaitement organisé, et il rendrait de bons offices à la population des campagnes, malheureusement assez indifférente à l'hygiène prophylactique.

Bien que *la désinfection* soit un sujet qui se trouvera développé en son lieu et place, dans les livraisons consacrées plus particulièrement aux maladies microbiennes et aux microbes de l'air, notre aperçu serait incomplet, si nous ne parlions pas de l'action de certains gaz, ainsi que de celle des agents physiques, le froid et la chaleur.

Les vapeurs nitreuses, ou celles d'acide chlorhydrique, le chlore ou l'acide sulfureux, sont les désinfectants gazeux qui ont été le plus expérimentés.

Seul, l'acide sulfureux est demeuré usité et, bien avant que l'existence des microbes fût soupçonnée, les vapeurs de soufre étaient employées pour purger l'air.

Ulysse purifie le palais après le massacre, en faisant brûler du soufre. (*Odyssée*, chant XI.)

Ovide dit aux bergers « de répandre l'eau lustrale sur leurs brebis et sur le feu le soufre à la flamme d'azur ». (*Fastes*, chapitre IV.)

Pline indique l'existence à Milo d'une grotte d'où sortaient des vapeurs sulfureuses et dont les habitants élargissaient l'ouverture pour combattre les épidémies.

---

1. Dans cette énumération, les nombres entre parenthèses représentent la quantité en grammes de substance antiseptique qui doit entrer en solution dans un litre d'eau.

L'acide sulfureux est, en effet, un excellent destructeur de la vie et, comme désinfectant, son pouvoir à été particulièrement établi par les expériences de M. Dujardin-Beaumetz. Aussi ce gaz est-il fréquemment employé pour la désinfection des navires, des hospices ou des prisons contaminés.

Le mode d'emploi est des plus simples.

S'agit-il de désinfecter une chambre? Après avoir bien bouché toutes les ouvertures, placez un réchaud allumé au milieu de la pièce et saupoudrez le foyer d'une quantité suffisante de fleur de soufre, assurez-vous en sortant que la porte est bien close. La vapeur sulfureuse fera rapidement son œuvre, pénétrant dans les moindres replis des tentures, dans les fentes du parquet, détruisant ainsi très économiquement tous les organismes les plus cachés, sans détériorer les divers objets meublant un appartement.

Un mot, maintenant, sur les agents physiques.

Les microorganismes résistent aux températures les plus basses (— 110 degrés centigrades). Le froid arrête le développement des microbes, mais il ne les tue pas.

La chaleur, au contraire, et nous l'avons dit au cours de ce chapitre, est un moyen antiseptique des plus sûrs, connu des anciens. Moïse fait brûler les habitations contaminées.

Des expériences précises ont établi que 100° de chaleur humide (vapeur d'eau bouillante) suffisent à détruire tous les germes nocifs, d'où la pratique connue qui consiste à faire bouillir les liquides suspects devant servir de boisson. Mais c'est à 140° seulement que périssent les microorganismes, dans la chaleur sèche.

Nous terminerons ce chapitre en citant encore l'opinion de M. Dujardin-Beaumetz sur la désinfection.

« Le seul désinfectant, dit ce savant, est la chaleur humide lorsqu'elle atteint 110 à 115 degrés ; mais comme cette chaleur n'est pas applicable dans toutes les circonstances où la désinfection est urgente, il faut utiliser les désinfectants liquides et les gazeux; en tête des premiers, il faut placer le sublimé qui est hors de pair, puis le sulfate de cuivre ; dans les seconds, l'acide sulfureux et le chlore. »

CHAPITRE IV

HISTOIRE NATURELLE DES MICROBES

Bactériens. — Formes principales. — De la génération spontanee.

Nous avons presque terminé l'aperçu trop écourté que nous pouvions en donner des travaux de M. Pasteur sur les microorganismes et, au point où nous en sommes, il existe certainement encore quelque confusion dans l'esprit du lecteur, en ce qui concerne la nature même de ces êtres infiniment petits qui jouent un rôle de premier rang dans la nature.

Nous avons parlé d'abord des ferments alcoolique, acétique, lactique et butyrique, et assimilé la putréfaction à la fermentation; le microbe charbonneux nous a conduit à des considérations d'ordre médical.

L'organisme actif s'est appelé tantôt levure ou bâtonnet, ou microcoque, ou bacille; quant à la dénomination très usuelle et si populaire de microbe, elle a presque disparu de notre vocabulaire.

N'est-il pas intéressant, avant de clore cet exposé, que nous donnions une idée de la place occupée par ces microorganismes, dans la longue chaîne des êtres?

Leur histoire naturelle est encore assez confuse, pourtant certains points sont établis.

Ils appartiennent au groupe inférieur des végétaux qu'on appelle : *les bactériens*.

Les bactériens peuvent se diviser assez simplement en :

1° *Microcoques ;*
2° *Bactéries proprement dites ou bâtonnets ;*
3° *Bacilles ;*
4° *Spirilles.*

Les levures, avons-nous dit au chapitre Ier, sont du groupe des champignons inférieurs, les *thécaphores*.

Les *microcoques* sont globuleux (fig. 10); les *bactéries* (fig. 4, fig. 11) sont allongées, intermédiaires comme forme aux microcoques et aux bacilles; ils sont souvent renflés à chaque extrémité et doués de mobilité; les *bacilles* (fig. 12 et 13) sont bien plus longs que larges, cylindriques et rigides; les *spirilles* sont enroulés en hélice et toujours mobiles.

Il n'est pas toujours aisé d'assigner une place bien déterminée aux microbes d'après leur forme. Il y a un grand nombre de formes de passage.

Voici quelques exemples pris dans chacun des groupes de microbiens dont quelques-uns sont nocifs (*pathogènes*) et beaucoup inoffensifs.

On trouve des microcoques solitaires isolés dans le sang des animaux atteints de la rage, mais ce n'est pas le microbe qui est élément de la contagion.

A ce sujet, disons que souvent l'action nocive du microorganisme n'est pas prouvée. Ces organismes excrètent ou sécrètent comme tous les corps vivants des produits de désassimilation, dont certains subsistent après la disparition même du microbe; ces produits sont parfois extrêmement toxiques et encombrent littéralement l'organisme où ils exercent une action souvent des plus néfastes. Beaucoup sont semblables aux produits excrétés par les microbes de la putréfaction et tout aussi vénéneux; telles sont les substances dites *ptomaïnes*, d'autant plus vénéneuses qu'elles se forment sur des cadavres plus anciens, d'autant plus insidieuses qu'elles peuvent traverser les filtres.

Il est souvent bien difficile d'isoler l'action de la substance excrétée par la bactérie de celle de la bactérie elle-même. Toutefois un certain nombre de faits établis prouvent que ces deux actions sont distinctes, et si certains microbes élaborent des ptomaïnes, il en est qui, toxiques par elles-mêmes, produisent des excrétions inoffensives, telle la bactérie charbonneuse si pathogène, dont l'exsudat peut être impunément injecté dans le sang des animaux (Pasteur).

Souvent les microbes, quoique isolés, sont réunis en colonies, comparables au groupement des étoiles d'une même constellation, groupements qu'on appelle *zooglées*. Dans ce cas, les microorganismes d'une même zooglée sont agglutinés dans un produit de sécrétion qui les englobe. Il y a des zooglées de microcoques, de bacilles, de bâtonnets ou de vibrions.

Fig. 10. — Microcoque des affections purulentes.

Citons parmi les microcoques le *staphylocoque pyogène doré* qui pullule dans le pus des furoncles, dans celui des foyers purulents de la péritonite et dont l'injection communique aux animaux des affections purulentes mortelles.

Le micrococcus prodigiosus se développe en colonies abondantes sur les matières amylacées (amidon, riz, etc.) qu'il colore de taches rouge vif, ressemblant à des taches de sang.

Le *microcoque* fauve donne au crotin de cheval une teinte de rouille. La figure 10 représente des microcoques qui, dans la péritonite, affection purulente, accompagnent le vibrion septique (fig. 14, 2).

Parmi les microcoques pathogènes, citons encore ceux de l'érysipèle et les microcoques en chaînette du croup (diphtérie) qui, dans cette maladie, a comme compère un bacille.

Le choléra des poules est caractérisé par une bactérie en bâtonnet, dont les éléments accolés souvent deux à deux ressemblent à des huit de chiffre (microbes en 8, qui peuvent être souvent des accouplements de microcoques).

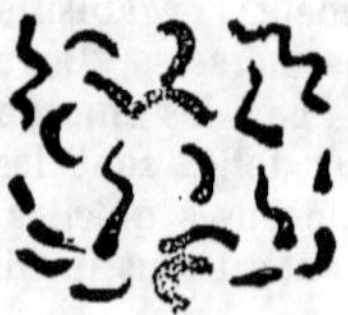

<table>
<tr><td>FIG. 11. — Bactérie de la fièvre
typhoïde.</td><td>FIG. 12. — Bacille en virgule du
choléra.</td></tr>
</table>

Comme exemples de bacilles, nous donnerons : le *bacille cyano genus* ou bacille du lait bleu.

L'écume de certains marais est colorée en rose par la *bactéridie rubescente* qui a la couleur de la peau de pêche mûre.

Les microbes du charbon, du rouget du porc, de la fièvre typhoïde (fig. 11), du choléra (fig. 12), de la tuberculose (fig. 13) et du croup, sont des bacilles pathogènes.

Le vibrion septique de Pasteur (fig. 14, 2), microorganisme redoutable de purulence l'un des plus infectieux, les spirilles des eaux croupies sont des vibrions.

Nous avons, dans cette énumération, choisi les microbes pathogènes ou non les plus connus, sans nommer pourtant certains de ceux qui sont répandus dans l'air, dans le sol, ou dans l'eau.

Nous ne voulons pas empiéter sur le domaine de certains collaborateurs qui traiteront des sujets spéciaux où sera tracée l'histoire de ces êtres microscopiques au milieu desquels l'homme vit, à certains desquels il doit certainement autant de reconnaissance qu'il doit vouer de haine à d'autres, impuissant trop souvent, malgré les progrès de la science positive, contre de ennemis que des alliés également inconnus combattent parfois victorieusement.

C'est dans le volume de notre publication consacré à l'*Air* qu'on trouvera en détail exposées les expériences réalisées pour

combattre l'idée de la génération spontanée. Elles sont encore
un des fleurons de la glorieuse couronne de M. Pasteur, elles
fournissent un des plus heureux exemples de rigueur expérimentale,
à propos d'une question des plus passionnantes de la philosophie
scientifique.

Le lecteur connaît sans doute la fable antique [1] où le berger
Aristée, après une prière adressée aux dieux, voit du cadavre de
ses bêtes mortes s'envoler un essaim d'abeilles, né spontanément
dans la chair du cadavre.

Fig. 13. — Bacille de la
tuberculose.

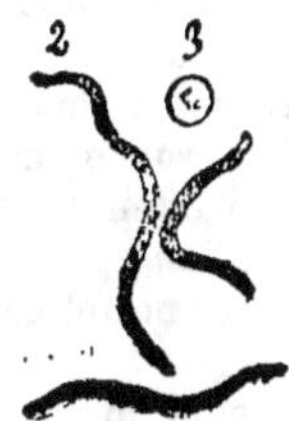

Fig. 14. — Vibrion septique.
2. Vibrion. — 3. Globule
sanguin rouge.

Cette idée exposée ainsi sous un jour poétique représente
une opinion scientifique que le professeur Van Helmont, de Lou-
vain, formule plus brutalement : « Prenez une chemise sale,
disait-il, placez dans cette chemise des grains de blé, mettez le
tout à la chaleur, et au bout d'un certain temps, il y aura trans-
mutation du blé en souris. »

L'opinion que des animaux supérieurs puissent naître de toute
pièce ne pouvait résister aux objections scientifiques les plus
simples, aussi n'est-ce pas sur ce terrain que la discussion s'est
établie pour arriver à la preuve que les germes vivants ne pouvaient prendre naissance spontanément.

Nous laisserons à notre collaborateur chargé de l'étude de
l'air le soin de développer l'histoire de cette intéressante discussion, qui fut en dernier lieu réduite à la lutte entre MM. Pasteur
et Pouchet, directeur du muséum de Rouen.

Signalons seulement, pour ne pas omettre une importante
victoire scientifique de M. Pasteur, l'expérience que Pouchet
considérait comme concluante et à laquelle M. Pasteur a répondu
par une contre-expérience qui a complètement réduit à néant
les conclusions de son contradicteur.

---

1. Virgile, *Bucoliques*, chant IV.

Dans une cloche renversée sur la cuve à mercure, Pouchet faisait dégager un mélange d'azote et d'oxygène, dans les proportions où les deux gaz se trouvent mêlés pour constituer l'air atmosphérique. Après l'avoir chauffé à 100°, du foin était introduit dans cet air artificiel, au travers du mercure. Des microorganismes ne tardaient pas à se développer dans le foin. Ces microorganismes n'étaient-ils pas nés spontanément?

Pasteur prouva que les germes provenaient du mercure et qu'en le traversant, le foin s'en chargeait.

Puis il fit une série d'expériences, où les précautions les plus rigoureuses étaient prises, pour qu'aucun germe ne puisse être introduit, soit dans des bouillons, soit dans de l'air, et il prouva, sans objection possible, que dans un milieu stérilisé, jamais aucun microorganisme ne pouvait apparaître, s'il était isolé de l'air libre, ne fût-ce que par un tampon d'ouate stérilisée elle-même.

Des bouillons de culture divers, de l'eau, de l'air après stérilisation, mis dans des ballons fermés ensuite à la lampe, ont été conservés dix et vingt ans, sans qu'aucun germe ne s'y développât, avant le jour où ils étaient ouverts à l'air, véhicule de poussières chargées de semences.

Il y a certes bien des lacunes encore dans notre court exposé. C'est ainsi que nous n'avons pas assez insisté sur les moyens techniques dont le spécialiste dispose pour déterminer et reconnaître des formes souvent très semblables entre elles, pour les isoler et arriver à les différencier sûrement. Pourtant nous avons dit que, cultivées dans un même milieu nutritif, les espèces différentes de microbes y engendrent des colonies dont les formes diffèrent. Ces plantules très semblables qui pourraient être confondues entre elles agissent aussi différemment vis-à-vis des matières colorantes. Telle refuse la couleur d'aniline rouge qui est absorbée par sa sœur en apparence jumelle; celle-ci, au contraire, se refusera à absorber la couleur bleue dont se colore la première.

Présentée même aussi sommairement que nous venons de le faire, n'entrevoit-on pas combien est délicate, souvent périlleuse, la tâche des bactériologistes? Et combien devons-nous laisser s'étendre, dans un essor infiniment grand, notre admiration pour M. Pasteur. Dans ses explorations de l'infiniment petit, il a découvert des vérités scientifiques qui font de lui un des grands bienfaiteurs de l'humanité.

La satisfaction d'une aussi belle œuvre accomplie doit dominer certainement en lui, celle qui résulte des honneurs mérités que ses contemporains lui ont décernés!

Imprimerie Noizette, Paris.   Le gérant : Henri GAUTIER.